VILL DU FIKA?

北歐經典
食器中的
舊時光

SCANDINAVIAN
PORCELAIN

CONTENTS

CHAPTER 1
SCANDINAVIAN PORCELAIN

北歐餐瓷品牌介紹

CHAPTER 2
SCANDINAVIAN PORCELAIN

器皿的老故事

JANUARY

前 言

義大麵是我家餐桌上的熟面孔，
也是我開始接觸料理之後就經常做的最愛料理。

義大利麵就算不加任何食材，光用鹽和橄欖油拌一拌就很好吃，
若再加上帕馬森乳酪和生火腿，
立刻變身為一道滋味豐富的料理。
正因為如此簡單就能吃出義大利麵的美味，
因此如果加上一兩樣蔬菜，整道料理便瞬間變得豐盛。
而如果選用的是新鮮當季蔬菜，就堪稱無敵了。
我喜歡每天自由搭配各個季節不同的時令蔬菜來變化義大利麵，
每一次的新嘗試或美味發現，
都是義大利麵的樂趣所在，
這或許也是令我著迷的原因。

義大利麵非常適合搭配各種食材，
許多組合更因為深受歡迎而成了固定菜色，
例如培根乳酪蛋黃麵或香辣茄醬麵等。
但本書要介紹的並不是這些常見的義大利麵，
而是我自己非常喜愛的各種創意變化，
包括有著滿滿蔬菜的義大利麵、
清爽好喝的義大利湯麵、
可以多人分食共享的義大利麵沙拉，
或是直接用手拿著吃的義大利麵輕食，
甚至還有加了北非小米庫司庫司的義式高麗菜卷等。

在義大利，每個地區、每個家庭都有屬於自己的各種義大利麵料理。
希望大家也會喜歡本書所介紹的這些義大利麵，
讓它成為各位家中常見的美食料理。

CONTENTS

PASTA FOR DINNER

本書使用方法

· 1小匙5毫升，1大匙15毫升。

· 調味料用量極少時會以「少許」或「一小撮」來標示。「少許」指的是大姆指和食指抓起的份量，「一小撮」指的是大姆指、食指及中指所抓起的份量。

· 「適量」為剛好的份量，「隨意」則是即使不加也可以。

· 材料標示皆為完成的大約份量，少量不方便製作的份量則調整為（容易製作的份量）來標示。

· 材料中標示的「蔬菜高湯」指的是市售的高湯塊，若是自行熬製的份量請參考右頁的食譜。

· 材料中標示的「橄欖油」使用的是P.21中所介紹的「純橄欖油」。

· 炸油「中溫」的油溫標示指的是攝氏170～180度。目測法可以將麵衣或麵包粉丟入油鍋中，若立刻浮起便達中溫狀態。

· 微波爐加熱溫度標準為500瓦，若使用600瓦，則加熱時間請調整為標示的0.8倍。

· 本書中使用了微波爐烤箱與一般烤箱兩種，因各種烤箱的溫度、加熱時間和烘烤狀態各有不同，操作時請依書中所標示的時間為標準，並視狀況自行調整。

蔬菜高湯

● **材料**（容易製作的份量，約1.5公升）

蔬菜切剩的菜渣＊　約兩手合捧的份量
水　　1.5公升
昆布　　6公分方形1片
清酒　　1小匙

＊洋蔥皮、根部
　白蘿蔔和紅蘿蔔皮、蒂頭
　蔥綠及根部
　芹菜葉、筋絲
　南瓜種子、蒂頭
　青椒種子、蒂頭
　大蒜皮等

● **作法**

1 將所有材料放入鍋中。

2 以中火煮至沸騰，接著轉小火煮約30分
　鐘。熬煮過程中浮泡不撈除也沒關係。

3 熄火後以網篩過濾出高湯。冷藏可保存
　3天，冷凍則能保存1個月。

Vegetable meat ball pomodoro

PASTA
FOR
LUNCH

不用太在意卡路里的午餐，
就以大量蔬菜搭配魚類或肉類的超值義大利麵
來滿足心靈和肚子吧！

蔬菜肉丸子茄醬麵

● 材料（2人份）

一般義大利長麵　160克
牛豬混合絞肉　200克
櫛瓜　1/2根
茄子　1根
南瓜　1/8顆
青椒　2顆
洋蔥　1/4顆
番茄醬汁（P.28）　200毫升
橄欖油　2大匙
特級初榨橄欖油　1大匙
鹽、胡椒　各少許
煮麵水　50毫升

A｛
帕馬森乳酪（磨成粉）　20克
麵包粉　1大匙
肉豆蔻　少許
鹽、胡椒　各少許
｝

● 作法

1 櫛瓜和茄子切末，放入大碗中，撒上一小撮鹽（份量外）靜置出水，約10分鐘後擰乾水分備用。南瓜、青椒、洋蔥切末。

2 取另一個大碗，放入絞肉和A，混合拌勻直到產生黏性。接著放入1充分拌勻後分成8等份，各捏成肉丸子狀。

3 平底鍋中倒入橄欖油，以小火加熱，油熱後放入2的肉丸子細火慢煎。煎的時候要不時翻動，並小心不要讓肉丸子碎掉了。等到肉丸子完全上色後加入番茄醬，煮滾後便可熄火。

4 將麵條放入加了鹽（份量外）的滾水中煮熟。

5 配合麵條煮好的時間將3重新加熱。

6 將煮好的麵條放入茄醬肉丸子中，淋上特級初榨橄欖油和煮麵水，將全部食材充分拌勻，最後以鹽和胡椒調味。

memo

加了大量蔬菜的肉丸子吃起來更健康。
選用當季蔬菜來切末製作最美味。

11

綜合豆子義大利麵湯

● 材料（2人份）

各種喜好的義大利短麵　　50克
蔬菜高湯　　600毫升
巴西利（切碎末）　　適量
特級初榨橄欖油　　適量
鹽、胡椒　　各少許
檸檬　　隨意

A ┬ 乾豌豆（綠色和黃色）　各1/2大匙
　├ 小扁豆（綠色和黃色）　各1/2大匙
　└ 鹽　1/2小匙

● 作法

1 鍋子裡放入蔬菜高湯和A煮沸。
2 將各種短麵依序加入1當中，從煮麵時間最長的種類開始加入，
  等到所有短麵都煮熟之後試一下味道，再以鹽和胡椒調味。
3 將煮好的麵湯盛入容器中，撒上巴西利並淋上特級初榨橄欖油，
  再依喜好擠上檸檬汁即可。

memo

乾豌豆即經過乾燥處理的豌豆，
與小扁豆一樣很容易煮熟，非常適合用來搭配義大利麵。
這道麵湯使用了各種不同形狀的短麵，
視覺上和口感上都多了一份樂趣。

PASTA
SOUP

用蔬菜高湯來煮義大利湯麵，
味道清爽溫和，
煮得軟嫩的義大利麵很好入口，
就算是疲累沒有食欲，
也能一口接一口地吃光光。

Mixed beans pasta soup

Open genovese pasta sandwich

PASTA
SNACK

義大利麵料理變化多端，沒有一定的形式。
將義大利麵做成沙拉，
放在烤得酥酥脆脆的棍子麵包上，
可以作為下酒菜，
也能搭配咖啡當成早上休息時間的小點心。

青醬螺旋麵開放式三明治

● 材料（4人份）

各種喜好的義大利短麵　80克
螺旋麵　80克
黑麥麵包（切片）　8片
四季豆　80克
松子　少許
帕馬森乳酪　少許
特級初榨橄欖油　少許

┌　甜羅勒　40克
│　帕馬森乳酪（磨成粉）　20克
A │　松子　1大匙
│　大蒜　1/2瓣
│　特級初榨橄欖油　3大匙
└　鹽　一小撮

● 作法

1 四季豆摘掉頭尾兩端，放在砧板上，撒鹽（份量外）並以
　雙手來回滾動搓揉。接著切成2公分長段。

2 將A放入食物調理機中攪拌至滑順狀。

3 螺旋麵放入加了鹽（份量外）的滾水中汆燙，在煮熟前的
　4分鐘將1也丟入滾水中一起煮熟。

4 將煮好的螺旋麵和四季豆瀝乾水分，放入大碗中並加入
　2充分拌勻。

5 將黑麥麵包烤熱，把4堆疊在麵包上。撒上松子，削幾
　片帕馬森乳酪於上頭，最後再淋上特級初榨橄欖油。

memo

充分裹上濃郁青醬的螺旋麵可以直接吃，也可以作為開放式三明治的材料。

PASTA
SALAD

義大利麵沙拉結合了鮮蔬與水果，
呈現華麗多彩的視覺感受。
用大盤子盛裝，大家各自取用也方便，
作為宴客料理再適合不過了。
此外也能作為下酒小菜。

鮮果乳酪蝴蝶麵沙拉

● 材料（2人份）

蝴蝶麵	60克
奇異果	2顆
柳橙	1顆
葡萄	100克
甜羅勒	6片
莫札瑞拉乳酪	100克
特級初榨橄欖油	3大匙
鹽、胡椒	各少許

● 作法

1 奇異果削皮後切成1公分塊狀。柳橙削皮後切成8等份的半月狀，再去除白色外皮、果膜和種子。葡萄切對半，去除種子。甜羅勒和莫札瑞拉乳酪以手撕碎。

2 將1放入大碗中，加入2大匙特級初榨橄欖油以及鹽、胡椒，充分拌勻。

3 將蝴蝶麵放入加了鹽（份量外）的滾水中汆燙，煮好之後立即放到流水下冷卻。接著以濾網撈起，瀝乾水分，放入2的大碗中充分拌勻，以鹽和胡椒調味後即可盛盤。

4 最後以甜羅勒（份量外）點綴裝飾，淋上剩下的特級初榨橄欖油。

memo

這是一道加了新鮮水果和莫札瑞拉乳酪的義大利麵沙拉，
也可以用自己喜歡的水果來搭配組合，例如草莓、哈蜜瓜、鳳梨、桃子等。

Fruit & mozzarella

卡芒貝爾乳酪焗義式麵疙瘩

● 材料（2人份）

地瓜麵疙瘩（P.27） 160克
褐蘑菇 8顆
大蒜 1瓣
橄欖油 2大匙
迷迭香 1枝
白酒 2大匙
鮮奶油 100毫升
卡芒貝爾乳酪（camembert） 50克
帕馬森乳酪（磨成粉） 20克
黑胡椒 少許
鹽、胡椒 各少許
煮麵水 40毫升

● 作法

1 烤箱預熱至攝氏200度。

2 褐蘑菇縱切對半，大蒜切薄片。

3 平底鍋裡放入大蒜和橄欖油，以小火慢慢拌炒到香氣散出。接著加入蘑菇和迷迭香，轉中火稍微拌炒後，淋上白酒，加入鮮奶油和一半的帕馬森乳酪，以及鹽和胡椒，簡單混合拌炒一下便可熄火。

4 將地瓜麵疙瘩放入加了鹽（份量外）的滾水中汆燙。

5 配合麵疙瘩煮好的時間將3重新加熱。

6 將煮好的麵疙瘩和煮麵水放入5當中充分混合均勻。

7 將6盛入耐熱容器中，上頭擺上撕碎的卡芒貝爾乳酪，接著撒上剩餘的帕馬森乳酪和黑胡椒，放入預熱好的烤箱中烤約8分鐘即可。

memo

這道卡芒貝爾乳酪焗義式麵疙瘩吃起來滿口暖呼呼的奶油香氣，烤得焦香的表面是美味的關鍵。

PASTA FOR DINNER

長麵、短麵，有時則是自己做的義式麵疙瘩。
視當天的心情，自己動手從麵條開始做起，
體驗一場更具樂趣的義大利麵晚餐。

Grilled gnocchi & camembert

品嘗義大利麵的方法

嘗試使用各種麵條

義大利麵除了常見的長麵之外，還有各種不同形狀的短麵，而在這些眾多種類的義大利麵中做適當的挑選，也是義大利麵料理的樂趣之一。除了外形之外，各種麵條所使用的麵粉種類、製作配方和製法不同，味道和口感也會跟著不一樣，因此要煮出好吃的義大利麵，祕訣就在於根據醬汁和材料裏附醬汁的狀況來挑選適合的麵條。另外還有一種也很值得推薦、比較不一樣的作法是，將之前用到剩下一點點的各種不同形狀、大小的麵條集合起來一起煮，做成視覺上和口感上都有別於傳統的綜合義大利麵（P.12）。

找到自己喜愛的橄欖油

本書食譜分別使用了新鮮的純橄欖油（pure）和特級初榨橄欖油（extra virgin）等兩種不同的橄欖油。純橄欖油（食譜中以「橄欖油」表示）加熱後不易變質，因此可以用來炒菜。特級初榨橄欖油則能增加食物的豐富滋味，大部分用來做料理的最後點綴。不同品牌的橄欖油其香氣和韻味也各有不同，最好是和挑選義大利麵一樣，選擇適合用來搭配料理的種類。有些橄欖油甚至可以直接搭配義大利麵、不需其他材料就很好吃，另外還有些個性較強烈的橄欖油則能讓醬汁呈現完全不一樣的風味。

用蔬菜來做醬汁，吃得更健康

義大利麵總讓人覺得熱量很高，要吃得健康又營養均勻，可以選擇搭配各種蔬菜來料理。除此之外，也可以用多種蔬菜來製作醬汁，例如番茄醬汁或菠菜醬汁（P.28）等。蔬菜醬汁除了顧及了健康和營養，視覺上也能展現蔬菜原本所具備的漂亮色彩，增加了料理時的樂趣。豐富多彩的紅、黃、綠等美麗的色調讓料理多了一份賞心悅目的營養，同時也豐富了餐桌的表情。

以大量蔬菜抑制攝取過多鹽分

汆燙義大利麵時必須在滾水中加入鹽，因而會使得整道料理鈉含量過高。因此本書食譜除了控制鹽的用量之外，更大量使用了可以幫助排出體內多餘的鈉的蔬菜、水果、豆類及堅果等。不過，蔬菜種類太多也會使得最後的料理味道過於複雜，因此在選用上最好先決定不同麵條適合搭配的蔬菜種類，例如當季蔬菜、葉菜或根莖類等，如此才能完成一道既健康又豐盛的美味義大利麵。

義大利麵種類

義大利麵的原料是麵粉，根據小麥種類、製麵配方、麵條長短和形狀不同，
吃起來的味道和口感也不一樣。
義大利麵要好吃的訣竅，根據料理的變化，
從多樣的種類中選擇最適合的麵條來運用，這就是義大利麵料理好吃的訣竅。

長麵　　長麵又分為不同粗細和切面等許多種類，本書中共使用了5種超市常見、不同
　　　　種類的長麵，包括用來製作冷麵的天使細麵（capellini）、最常見的一般長麵
　　　　（spaghetti）、比一般長麵稍微細一點的長細麵（spaghettini）、切面呈橢圓形
　　　　的細扁麵（linguine），以及屬於扁麵類的寬扁麵（tagliatelle）。

短麵　　短麵種類十分豐富，有些甚至有著特殊的形狀。短麵的一大特色是方便分食，因
　　　　此經常被拿來運用在配菜上，而不是作為主食。本書將以8種不同種類的短麵來
　　　　做各種變化，包括外形呈貝殼狀、容易沾裹細碎食材的貝殼麵（conchiglie），
　　　　螺旋狀的螺旋麵（fusilli），中間空心可以吸裹醬汁的水管麵（rigatoni）、筆管
　　　　麵（penne）及通心粉（macaroni），外形彷彿可愛蝴蝶結的蝴蝶麵（farfalle），
　　　　快熟的ABC字母麵（alphabet）以及粉狀的庫司庫司等。

義式麵疙瘩　　將馬鈴薯等混合麵粉所做成的糰狀義大利麵。義式麵疙瘩一般坊間就買得到，但
　　　　建議大家一定要自己動手做做看，因此本書將介紹馬鈴薯、南瓜、地瓜等三種不
　　　　同麵疙瘩的作法，讓大家體驗麵疙瘩充滿彈性的口感，及蔬菜清爽溫和的美味。

義大利麵餃　　在擀開的義大利麵糰中包入館料做成的一種麵食，包括義大利麵餃（ravioli）
　　　　和義式麵卷（cannelloni）等不同種類。本書將介紹用方便的餛飩皮來製作義式
　　　　餛飩（tortellini，P.131），可以像餃子一樣用煎的或炸的，也能像料理餛飩
　　　　一樣放入湯中食用。

LONG PASTA
長 麵

SHORT PASTA
短 麵

Capellini
天使細麵

Spaghettini
長細麵

Spaghetti
一般長麵

Linguine
細扁麵

Tagliatelle
寬扁麵

Conchigie
貝殼麵

Rigatoni
水管麵

Fusilli
螺旋麵

Penne
筆管麵

Farfalle
蝴蝶麵

Macaroni
通心粉

Alphabet
字母麵

Couscous
庫司庫司

義式麵疙瘩的作法

這裡將介紹最基本以馬鈴薯捏製的麵疙瘩，
另外還有南瓜及地瓜口味。
大家也可以選用自己喜歡的蔬菜
製作色彩豐富的麵疙瘩。

馬鈴薯麵疙瘩

● **材料**（4～5人份）

馬鈴薯　300克
低筋麵粉　100克
蛋黃　1顆
帕馬森乳酪（磨成粉）　10克
肉豆蔻　少許
鹽　1／4小匙

● **作法**

1 馬鈴薯連皮放入冷水中加熱汆燙，煮到可以竹籤刺穿後便可取出。趁熱剝去外皮後壓泥過篩，放至冷卻。
2 將所有材料放入大碗中混合拌勻，揉成一個大麵糰。
3 在麵糰上撒上手粉（份量外），將麵糰整成長棒狀後，分割成指尖般大小的小麵糰，再以手指或叉子按劃出凹槽即可。

memo

馬鈴薯麵疙瘩非常適合用來搭配各種醬汁。

南瓜麵疙瘩

● **材料**（4～5人份）

南瓜（純瓜肉）　300克
低筋麵粉　100克
蛋黃　1顆
帕馬森乳酪（磨成粉）　10克
鹽　1／4小匙

● **作法**

1 南瓜去除外皮、種子和瓜囊，切成2公分塊狀後，放置耐熱容器中封上保鮮膜，以微波爐500瓦加熱約5分鐘。接著趁熱壓泥過篩，放至冷卻。
2 將所有材料放入大碗中混合拌勻，揉成一個大麵糰。
3 在麵糰上撒上手粉（份量外），將麵糰整成長棒狀後，分割成指尖般大小的小麵糰，再以手指或叉子按劃出凹槽即可。

memo

南瓜麵疙瘩有著鮮明的黃色和甜味，以及黏密的口感。

地瓜麵疙瘩

● **材料**（4～5人份）

地瓜　300克
低筋麵粉　100克
蛋黃　1顆
帕馬森乳酪（磨成粉）　10克
鹽　1／4小匙

● **作法**

1 將地瓜切成3公分厚度的圓片，連皮一起汆燙到可以竹籤刺穿後取出，趁熱剝去外皮並壓泥過篩，放至冷卻。
2 將所有材料放入大碗中混合拌勻，揉成一個大麵糰。
3 在麵糰上撒上手粉（份量外），將麵糰整成長棒狀後，分割成指尖般大小的小麵糰，再以手指或叉子按劃出凹槽即可。

memo

地瓜麵疙瘩也可以像甜甜圈一樣炸來吃。

蔬菜醬汁的作法

自己做的蔬菜醬汁濃縮了蔬菜的鮮甜與美味，
也可以利用香草或香料來添增味道的變化，
或是加乳酪和奶油來增加濃郁口感，
做出自己喜愛的醬汁口味。

番茄醬汁

● **材料**（容易製作的份量，4人份）

水煮番茄罐頭（整顆番茄）　2罐（800克）
洋蔥　1/2顆
大蒜　1瓣
水　200毫升
橄欖油　2大匙
特級初榨橄欖油　2大匙
奧勒岡（乾燥）　1/2小匙
鹽　1/2小匙

● **作法**

1 洋蔥、大蒜切末。
2 鍋裡放入橄欖油和蒜末，以小火炒到香氣散出。接著加入洋蔥慢慢拌炒，小心燒焦。
3 將鍋子熄火，加入水煮番茄，用木杓輕輕將番茄搗碎後再加水，接著以手持式電動攪拌器攪拌均勻。
4 開中火加熱，放入奧勒岡和鹽，熬煮約10分鐘並不時攪拌，直到收汁到剩一半左右的份量。
5 加鹽（份量外）調味，最後淋上特級初榨橄欖油增加醬汁的光澤及香氣。

memo

我最喜歡用這種番茄醬汁和煮麵水做成的單純、不加任何配料的義大利麵。這種番茄醬汁很受歡迎，怎麼都吃不膩，可以活用在肉類、魚類等許多料理上，是一種萬用的醬汁。

菠菜醬汁

● **材料**（容易製作的份量，4人份）

菠菜　120克
大蒜　1瓣
橄欖油　1大匙

A
┌ 罐頭鯷魚　4片
│ 帕馬森乳酪（磨成粉）　20克
│ 特級初榨橄欖油　1大匙
└ 胡椒　少許

● **作法**

1 菠菜切除根部後，再切成大段。大蒜切成碎末。
2 平底鍋裡放入橄欖油和蒜末，以小火爆香。待香氣飄出後放入菠菜，轉中火炒到菠菜變得濕軟。
3 將2倒入食物調理機，再加入A一起攪拌至滑順。

memo

先加熱拌炒可以讓蔬菜的味道變得更濃郁。
本書另外還介紹了櫛瓜（P.40）、香菇（P.53）及小松菜（P.64）等蔬菜醬汁，也可以用茄子、紅甜椒、綠花椰菜來製作。

義大利麵的美味煮法

將麵條放入滾沸的大量熱水中，料理也差不多就算完成了。
烹調的重點在於事先準備好配菜、醬汁及客人用餐的狀況，
接下來就只要專心留意煮麵的湯鍋即可。

鹽的份量　用加了鹽的滾水來汆燙義大利麵，麵條吃起來會更有彈性。鹽的份量
通常是滾水的 1 ～ 2%，但如果煮醬汁時會添加煮麵水，這種比例的煮
麵水會變得有點太鹹，對健康不是很好。因此，本書食譜全都是以低
於水量 1% 的適當鹹度來煮麵條，例如若是 2 人份的長麵，會以深鍋放
入 3 公升的水，煮沸後加入 1 又 1/2 大匙的鹽；如果是短麵，則是淺
鍋放入 2 公升的水，煮沸後再加入 1 大匙的鹽。

汆燙時間　汆燙的狀態會大大影響到義大利麵的口感，最好的方法是透過試吃來
掌握起鍋的最佳時間點。汆燙義大利麵時一定要準備計時器，依照
外包裝上的建議時間來煮麵，再分別於起鍋前 2 分鐘及 1 分鐘試吃看
看。以長麵來說，保留一點麵芯還沒煮熟就得起鍋，短麵則必須煮到
麵完全熟透才會好吃。如果要做冷麵，煮麵條的時間要再延長 1 ～ 2
分鐘，起鍋後馬上放入冰水中確實冷卻，最後再瀝乾水分，放入醬汁
中拌勻。義式麵疙瘩則是浮上水面後再煮個 2 ～ 3 分鐘即算完成。

拌入醬汁的最佳時機　煮義大利麵最理想的狀態是麵條和醬汁同時完成，兩者馬上加在一起
拌勻。不過，將麵條放入滾水汆燙後再開始煮醬汁，通常最後都會來
不及。本書為了讓大家可以從容料理，在煮麵的步驟上會將醬汁先完
成至九成的狀態，再配合麵條汆燙完成的時間重新加熱。至於煮醬汁
時所加入的煮麵水，則是在麵條煮好前 2 分鐘時先以耐熱量杯取出備
用，等到最後麵條和醬汁一起拌勻時再添加。

義大利麵的好吃祕訣

以下將告訴大家在家裡如何像在餐廳用餐一樣，
掌握義大利麵最美味的時間上桌品嘗。
喜歡喝酒的人也可以搭配一點葡萄酒，
讓在家用餐變得更有氣氛。

掌握美味的時間點　簡單就能完成的義大利麵，其實是一道需要細心對待的料理，甚至隨著時間流逝，味道也會變得不好。料理時最重要的是先切好配料等完成所有事前準備，可以的話，最好也先將餐桌擺設與佐餐酒都準備好。煮醬汁和拌入麵條的步驟要一氣呵成，掌握美味的時間點盛盤上桌，然後話不多說馬上將這剛完成的美味義大利麵送進嘴裡。

一次最多煮 2 人份　如同上述，煮義大利麵是一場和時間的賽跑，最容易失敗的狀況就是一次煮太多人份。如果是一次煮 3 ～ 4 人份，無論是將煮好的麵條夾到平底鍋裡，或是在平底鍋裡將麵條和醬汁拌勻，甚至是盛盤，都得花一倍以上的時間。如此一來，試味道時和最後實際所吃到的味道，早就完全不一樣了。建議要煮大人份的義大利麵時，一般煮好拌上醬汁就立刻吃的義大利麵最多以 2 人份為限，再另外搭配焗烤類及沙拉類的義大利麵即可。

事先將盤子準備至
適溫狀態　熱食以溫盤盛放，冷食以冷盤盛放，這應該是通用於所有料理的盛盤重點。溫盤最好的方法是事先在盤子中注入熱水備用，或是將盤子放在還有餘溫的烤箱上或裡面保溫。冷盤則建議可以事先放入冰箱，或是將保冷袋放在盤子上。

搭配麵包一起吃　好吃又營養的義大利麵醬汁，最好當然是吃到一滴不剩。如果家裡正好有麵包，建議大家一定要用來搭配義大利麵，當麵條吃完時，就用麵包沾抹盤子裡剩下的醬汁來吃。煮義大利麵時平底鍋或是鍋子邊緣通常也會沾黏著醬汁，而且這些醬汁更是美味，大家不妨把這當成做料理的人的特權，好好品嘗這美味醬汁。用沾有少量橄欖油的麵包就能輕易把這些醬汁沾抹下來，如此一來清洗鍋子時也會比較輕鬆，可說是一石二鳥。

PASTA FOR LUNCH

黃金番茄藍莓醬汁麵

● **材料**（2人份）

一般長麵　160克
小番茄（黃色）　400克
藍莓　120克
大蒜　1瓣
橄欖油　2大匙
特級初榨橄欖油　1大匙
砂糖　1小匙
鹽　少許
煮麵水　50毫升

● **作法**

1 小番茄稍微汆燙後剝去外皮。大蒜切末。
2 鍋子裡放入藍莓和砂糖，以小火煮到藍莓破裂出汁。
3 平底鍋中放入橄欖油和1的蒜末，以小火慢慢拌炒至香氣飄出，接
　著加入小番茄並搗碎，煮到剩下2/3的份量時便可先熄火。
4 將麵條放入加了鹽（份量外）的滾水中汆燙。
5 搭配麵條煮好的時間將3的醬汁重新加熱。
6 將煮好的麵條放入5當中，並加入特級初榨橄欖油和煮麵水，整個
　完全拌勻後試味道並以鹽調味，最後盛盤，淋上2的藍莓醬。

memo
以亮眼的黃色與紫色共同呈現的鮮豔組合，
可以同時品嘗到酸味與甜味。

Yellow tomato & blueberry

夏季鮮蔬烤豬小排義大利麵

● 材料（2人份）

細扁麵　160克
豬小排　400克
茄子　1根
櫛瓜　1根
玉米　1/2根
小番茄　6顆
大蒜　4瓣
辣椒　2根
迷迭香、百里香、鼠尾草　各2枝
橄欖油　4大匙
紅椒粉（paprika）　少許
檸檬汁　少許
檸檬　1顆
鹽、胡椒　各適量
煮麵水　25毫升

● 作法

1 烤箱預熱至攝氏230度。

2 豬小排先以叉子在上面叉幾個小洞，接著撒上鹽和胡椒搓揉入味。茄子縱切成4等份。櫛瓜先對半切，再縱切成4等份。玉米切成2公分厚的圓片。大蒜以刀子拍碎。

3 將2的所有食材及小番茄、辣椒和香草類放入耐熱容器中，接著淋上橄欖油，撒上鹽和胡椒。將整個混合拌勻後靜置約30分鐘。

4 將3的所有食材盡量攤平，方便烤熟。放入預熱好的烤箱中烤約15分鐘。時間到了取出，將所有食材全部翻面後，再放入烤箱中烤15分鐘。

5 將細扁麵放入加了鹽（份量外）的滾水中汆燙。

6 將烤好的4盛盤，耐熱容器中剩餘的醬汁加入煮麵水混合拌勻，再放入煮好的細扁麵和檸檬汁拌勻。吃的時候以麵條搭配烤好的食材，最後再擠上一點檸檬汁即可。

memo

烤得焦香四溢的夏季蔬菜和豬小排，搭配沾裹著這些食材烤完所釋放的美味醬汁，是一道豪邁的義大利麵料理。

蔬菜連同外皮和蒂頭一起烤，香氣會更誘人。

Grilled Summer vegetable & pork spare ribs

櫛瓜青醬麵

● **材料**（2人份）

一般長麵　160克
櫛瓜　3根
大蒜　1瓣
百里香　2枝
帕馬森乳酪　10克
橄欖油　1大匙
特級初榨橄欖油　1大匙
鹽、胡椒　各少許
煮麵水　50毫升

● **作法**

1 櫛瓜縱切成4等份後，再切成2公分長段。大蒜以刀子拍碎。帕馬森乳酪磨成粉備用。
2 平底鍋裡放入橄欖油和大蒜，以小火慢慢拌勻至香氣飄出後，放入櫛瓜和百里香，撒上鹽、胡椒，以中火拌炒。炒到櫛瓜稍微上焦色後便可先熄火。
3 取2一半的櫛瓜和帕馬森乳酪、特級初榨橄欖油一起放入食物調理機中攪拌成泥狀。
4 將麵條放入加了鹽（份量外）的滾水中汆燙。
5 配合麵條煮好的時間將3倒入2中重新加熱。
6 將煮好的麵條放入5中，並加入煮麵水整個拌勻，最後再以鹽調味。

memo

用炒過的櫛瓜來做醬汁香氣更濃郁，吃得到滿口的蔬菜美味。

Zucchini paste

Fried squid & coriander

Cold mackerel seasoned with potherb

酥炸魷魚香菜麵

● **材料**（2人份）

一般長麵　　160克
魷魚　　1隻

A
┌ 醬油　　1大匙
│ 清酒　　1大匙
│ 蒜泥　　少許
└ 薑泥　　少許

B
┌ 低筋麵粉　　2大匙
│ 太白粉　　2大匙
│ 紅椒粉　　1/2小匙
└ 鹽、胡椒　　各少許

C
┌ 特級初榨橄欖油　　2大匙
│ 魚露　　1大匙
│ 甜辣醬　　1大匙
│ 萊姆汁（或檸檬汁）　　1/2顆
└ 咖哩粉　　1/2小匙

香菜　　適量
沙拉油　　適量
萊姆（或檸檬）　　隨意

● **作法**

1 魷魚去除內臟、軟骨、嘴以及觸腕上的吸盤後，分成三角形的軟鰭、身體和觸腕三個部分。各自將水分擦乾，切成一口大小的塊狀。

2 將A放入大碗中混合，再加入1混合拌勻。靜置約15分鐘後以網篩濾掉所有水分。

3 取另一大碗將B所有材料混勻，將2的魷魚塊放入，均勻沾裹後拍掉多餘的粉。

4 再取另一大碗將C充分混合拌勻。

5 將3的魷魚塊少量分次放入中溫的炸油中炸至酥脆。

6 將麵條放入加了鹽（份量外）的滾水中汆燙。

7 把煮好的麵條、5的炸魷魚，以及切段的香菜一同放入4中混合拌勻，盛盤後依各人喜好擠上萊姆汁即可。

memo

這道義大利麵可以吃得到炸魷魚酥脆的口感，搭配萊姆的酸味，讓整道料理吃來清爽不油膩。

辛香鯖魚冷麵

● **材料**（2 人份）

天使細麵　160克
水煮鯖魚罐　180克
新洋蔥　1/2顆
蘘荷　2個
薑　10克
綠紫蘇　4片
白芝麻　少許

A 　芝麻油　2大匙
　　醬油　1大匙
　　穀物醋　1大匙

● **作法**

1 水煮鯖魚整罐放入冷凍靜置一晚，隔天取出放至室溫約
　30分鐘，趁著半解凍的狀態將魚肉剝散。

2 新洋蔥橫切成薄片，蘘荷切圓薄片，薑和綠紫蘇切絲。

3 將A放入大碗中充分混合拌勻。

4 天使細麵放入加了鹽（份量外）的滾水中汆燙，煮好後撈
　起放到流水下冷卻，接著放置網篩上瀝乾水分，加到3
　的大碗中混合拌勻。

5 容器中先鋪上新洋蔥，再放上4的麵條，接著將1連同
　湯汁放到麵的上方，擺上蘘荷、薑絲和紫蘇，撒上白芝
　麻。吃的時候先整個混合拌勻。

memo

這道以半冷凍的鯖魚罐做成的充滿涼意的冷麵，
非常推薦在酷熱的夏天食用。

鹹鮭魚舞菇白醬麵

● **材料**（2人份）

寬扁麵　160克
薄鹽鮭魚　2片
舞菇　100克
大蒜　1瓣
鮮奶油　100毫
橄欖油　2大匙
清酒　1大匙
白味噌　1/2大匙
帕馬森乳酪　10克
七味辣椒粉　適量
鹽、胡椒　各少許
煮麵水　40毫升

● **作法**

1 鹹鮭魚淋上清酒，靜置約5分鐘後擦乾水分備用。舞菇剝成適當大小。大
　蒜以刀子拍碎。帕馬森乳酪磨成粉備用。

2 平底鍋裡放入橄欖油和大蒜，以小火慢慢拌炒至香氣飄出，接著以魚皮
　朝下的方式放入鹹鮭魚，慢慢煎到魚皮酥脆為止。將魚皮取出，剝碎鍋
　中的魚肉，並加入舞菇一起拌炒，待所有食材完全熟透後便可熄火。若
　有魚刺請取出。

3 寬扁麵放入加了鹽（份量外）的滾水中汆燙。

4 配合煮麵的時間將2重新加熱。

5 將煮好的麵條、鮮奶油、白味噌、帕馬森乳酪以及煮麵水全都放入4中，
　所有食材充分混合拌勻，再以鹽和胡椒調味。

6 盛盤後擺上切碎的鮭魚皮，最後再淋上七味辣椒粉。

memo

白醬中加了白味噌，成了日式風格的白醬義大利麵。
煎得酥脆的鮭魚皮和七味辣椒粉的辛辣為這道料理做了最完美的提味。

Creamy salmon & mushroom

印度風味通心粉

● **材料**（2人份）

通心粉　160克

羊里肌肉　100克

蔥　20公分

紫洋蔥　1/2顆

大蒜　2瓣

薑　20克

番茄醬汁（P.28）　200毫升

優格　200毫升

橄欖油　2大匙

印度綜合香料（garam masala）　1大匙

香菜　少許

鹽、胡椒　各少許

● **作法**

1 將蔥切成蔥末，紫洋蔥橫切成薄片，大蒜和薑切末。羊里肌肉切成1公分塊狀後，撒上鹽和胡椒。

2 平底鍋裡倒入橄欖油小火加熱，放入1拌炒約10分鐘。接著加入番茄醬汁和優格，煮開後再加入印度綜合香料混合拌勻，熄火。

3 將通心粉放入加了鹽（份量外）的滾水中汆燙。

4 配合煮麵的時間將2重新加熱。

5 將煮好的通心粉放入4中充分拌勻，以鹽和胡椒調味。

6 盛盤，最後擺上香菜段。

memo

將有腥味的羊肉變身為清爽口味的香料義大利麵。

Indian macaroni

49

洋蔥培根番茄醬汁麵

● 材料 (2人份)

一般長麵　160克

洋蔥　1顆

培根 (塊狀)　80克

番茄醬汁 (P.28)　200毫升

橄欖油　2大匙

特級初榨橄欖油　1大匙

辣椒粉　1小匙

帕馬森乳酪 (磨成粉)　適量

鹽、胡椒　各適量

煮麵水　50毫升

● 作法

1 洋蔥切成6等份後再切成半月形。培根切成1公分長條狀。

2 平底鍋裡倒入橄欖油以小火加熱，放入1慢慢拌炒約10分鐘，待洋蔥炒熟變軟、稍微上焦色後，加入番茄醬汁和辣椒粉混合拌勻，煮開後便可先熄火。

3 將麵條放入加了鹽 (份量外) 的滾水中汆燙。

4 配合煮麵的時間將2重新加熱。

5 將煮好的麵條放入4中，加入特級初榨橄欖油和煮麵水充分拌勻，再以鹽和胡椒調味。

6 盛盤後撒上帕馬森乳酪即可。

memo

使用了一整顆的洋蔥，非常有份量。

洋蔥的甜搭配上辣椒粉，辣勁十足，是我家餐桌上經常出現的一道義大利麵。

Tomato sauce, onion & bacon

Chicken liver & lotus root

蓮藕雞肝寬扁麵

● 材料（2人份）

寬扁麵	160克
雞肝	80克
雞心	80克
蓮藕	150克
大蒜	1瓣
牛奶	100毫升
鮮奶油	100毫升
橄欖油	2大匙
月桂葉	1片
肉豆蔻	少許
鹽、胡椒	各少許
帕馬森乳酪（磨成粉）	適量
煮麵水	50毫升

● 作法

1 雞肝和雞心切成一口大小，切除韌筋和油脂後放入大碗中，加入牛奶靜置20分鐘以去腥。待腥味去除後，瀝掉牛奶，擦乾水分，撒上鹽和胡椒備用。

2 蓮藕削皮後切成四分之一圓形的薄片，大蒜也切成薄片。

3 平底鍋裡放入橄欖油和蒜片，以小火慢慢拌炒至香氣飄出後，加入1、蓮藕和月桂葉，轉中火充分拌炒後便可先熄火。

4 將寬扁麵放入加了鹽（份量外）的滾水中汆燙。

5 配合煮麵的時間將3重新加熱。

6 將煮好的麵條放入5中，加入鮮奶油、肉豆蔻和煮麵水充分拌勻，再以鹽和胡椒調味。

7 盛盤後撒上帕馬森乳酪即可。

memo

炒過的雞肝搭配鮮奶油，讓整道麵吃起來味道醇厚、濃郁。

Mushroom paste

香菇醬水管麵

● 材料（2人份）

水管麵　　160克
香菇　　　6大朵
洋蔥　　　1/4顆
大蒜　　　1瓣
番茄乾　　4顆
黑橄欖　　4粒
橄欖油　　2大匙
帕馬森乳酪（磨成粉）　適量

A ┌ 鮮奶油　　100毫升
　├ 鹽　　1/4小匙
　└ 胡椒　　少許

● 作法

1 香菇切除蒂頭，切成粗末狀。洋蔥和大蒜切成細末。番茄乾以大量熱水浸泡約10分鐘，泡發後瀝乾水分，切成細末。黑橄欖去除種子後切末。

2 平底鍋裡放入橄欖油和1的蒜末，以小火拌炒到香氣飄出，接著加入1剩餘的食材拌炒。炒到鍋中約剩下1/3份量時加入A，煮到稍微變濃稠後熄火。

3 當2稍微放涼後倒入食物調理機中攪拌，直到變成保留了些許顆粒感的泥狀。

4 將水管麵放入加了鹽（份量外）的滾水中煮熟。

5 大碗裡放入3、4以及帕馬森乳酪充分拌勻即可。

memo

這道白醬泥有著濃郁的香菇鮮味，
除了拌義大利麵之外，也能抹在烤棍子麵包上一起品嘗。

根莖菜末肉醬麵

● 材料（2人份）

寬扁麵　　160克
牛絞肉　　120克
白蘿蔔　　80克
紅蘿蔔　　80克
牛蒡　　80克
薑　　20克
番茄醬汁（P.28）　　200毫升
橄欖油　　2大匙
砂糖　　1大匙
醬油　　1大匙
帕馬森乳酪　　適量

● 作法

1 將所有根莖菜切成粗末。
2 平底鍋裡放入橄欖油以中火加熱，放入1和牛絞肉拌勻約5分鐘後
　轉小火，加入砂糖和醬油，讓所有食材都均勻裹上醬味後，倒入
　番茄醬汁煮至沸騰後熄火。
3 將寬扁麵放入加了鹽（份量外）的滾水中汆燙。
4 配合煮麵的時間將2重新加熱。
5 將煮好的麵盛盤，淋上4的肉醬，最後再撒點帕馬森乳酪在最上面
　即可。吃之前先充分拌勻。

memo

這是一道以砂糖和醬油來調味的日式風味肉醬，
還吃得到根莖菜末的口感。

Chopped meat & root vegetable sauce

Yam & macaroni gratin

山藥焗烤通心粉

● **材料**（2人份）

通心粉　　60克
山藥　　300克
蟹肉棒　　80克
披薩專用乳酪絲　　80克
奶油　　20克
大蒜　　1/2瓣
麵包粉　　1大匙
味噌　　1大匙
清酒　　1小匙
醬油　　1小匙
鹽、胡椒　　各少許

● **作法**

1 烤箱預熱至攝氏200度。
2 山藥削去外皮，一半切成寬0.5公分的圓片，另一半磨成泥。乳酪絲切成粗末。
3 大碗裡放入味噌、清酒和醬油混合後，再加入山藥泥以及一半的乳酪末充分拌勻。
4 將通心粉放入加了鹽（份量外）的滾水中汆燙。
5 取另一大碗，放入煮好的通心粉、撕開的蟹肉絲、一半的奶油和蒜泥，撒上鹽和胡椒，將所有食材充分拌勻。
6 接著加入3一起攪拌均勻，再倒入耐熱容器中，擺上山藥片，撒上剩下的乳酪末和麵包粉，最後將剩下的奶油切小塊均勻擺在最上層。放入預熱好的烤箱中烤約20分鐘。

memo

同時吃得到保留了口感的山藥，以及黏稠的山藥泥。
蟹肉棒可以用鱈場蟹或松葉蟹來取代，讓味道更加鮮美。

Pork, kimchi & yoghurt

Green onion & gochujang

優格泡菜豬肉麵

● 材料（2人份）

一般長麵　　160克
豬五花肉（薄片）　60克
白菜泡菜　　120克
洋蔥　　1/4顆
韭菜　　5根
大蒜　　1瓣
優格　　2大匙
芝麻油　　1大匙
鹽、胡椒　　各少許

● 作法

1 泡菜切段，洋蔥縱切成薄片。韭菜切成3公分長段，大蒜切薄片。豬五花肉撒上鹽和胡椒，切成3公分寬的肉片。

2 平底鍋裡倒入芝麻油以小火加熱，放入蒜片和洋蔥拌炒。待洋蔥炒軟之後加入豬肉炒至熟透，接著放入韭菜稍微拌炒後便可先熄火。

3 將麵條放入加了鹽（份量外）的滾水中汆燙。

4 配合煮麵的時間將2重新加熱。

5 將煮好的麵條放入4中，並加入優格一起拌勻，再以鹽和胡椒調味。盛盤後可依喜好另外再淋上優格（份量外）一起吃。

memo

一次用了泡菜和優格兩種發酵食材。
重口味的泡菜搭配優格不僅清爽，更多了一份乳香味。

蔥花苦椒醬拌麵

● 材料（2人份）

一般長麵　160克
蔥　20公分
蛋黃　2顆
白芝麻　1小匙

A
┌ 番茄醬　1大匙
│ 苦椒醬（韓式紅辣椒醬）　1大匙
│ 芝麻油　1大匙
│ 蒜泥　1/2小匙
│ 砂糖　1/2小匙
└ 醬油　1/2小匙

● 作法

1 蔥切成蔥花，放在耐熱盤上，封上保鮮膜，放進微波爐以500瓦微波約1分鐘。
2 將A放入大碗中混合均勻。
3 將麵條放入加了鹽（份量外）的滾水中汆燙，煮好後瀝乾水分，放入2的大碗中充分拌勻。
4 盛盤後一旁放上1的蔥花，麵條上擺上蛋黃，撒上白芝麻。吃的時候將所有食材邊拌邊吃。

memo

蔥加熱之後甜度增加，再搭配上蛋黃，
成了一道醬汁美味濃郁的韓式義大利麵。

小松菜青醬螺旋麵

● 材料（2人份）

螺旋麵　160克
小松菜　180克
蘋果　1/4顆
胡桃　30克
大蒜　1/2瓣
帕馬森乳酪　30克
特級初榨橄欖油　4大匙
鹽、胡椒　各少許

● 作法

1 小松菜切除根部後切成長段，放入大碗中，撒上一小撮鹽（份量外），靜置約10
　分鐘出水，最後將水分擰乾。蘋果削皮去芯，切成塊狀。胡桃和大蒜切成細末。
　帕馬森乳酪磨成粉備用。

2 將1和特級初榨橄欖油放入食物調理機中攪拌成泥狀，以鹽和胡椒調味後，倒
　入大碗中。

3 將螺旋麵放入加了鹽（份量外）的滾水中汆燙，煮好之後立刻放入2中混合拌勻。

4 盛盤，依各人喜好在上面削點帕馬森乳酪。

memo

以小松菜和蘋果做成清爽口味的醬汁。
這種泥狀的醬汁最好盡早食用完畢，用來抹麵包或搭配烤肉、烤魚，也很好吃。

Komatsuna paste

紫萵苣蛤蜊細扁麵

● **材料**（2人份）

細扁麵　160克
蛤蜊　150克
紫萵苣（treviso）　120克
黑橄欖　8粒
大蒜　1瓣
辣椒　1根
鯷魚　1片
橄欖油　2大匙
特級初榨橄欖油　2大匙
白酒　1大匙
鹽、胡椒　各少許
煮麵水　50毫升

● **作法**

1 烤箱預熱至攝氏200度。
2 蛤蜊放入和海水一樣鹹度的鹽水（份量外，水中放入3%的鹽）中吐沙。紫萵苣切塊後剝散。黑橄欖去除種子，切成圓片狀。大蒜和辣椒切末。
3 烤盤鋪上烘焙紙，分散放入紫萵苣，淋上1大匙特級初榨橄欖油後，放入預熱好的烤箱烤約8分鐘。
4 平底鍋裡放入橄欖油和大蒜，以小火慢慢炒到香氣飄出，接著放入蛤蜊、黑橄欖、辣椒、鯷魚，並淋上白酒，隨後加蓋。轉中火約燜4分鐘，等到蛤蜊殼開了便熄火。
5 將細扁麵放入加了鹽（份量外）的滾水中汆燙。
6 配合煮麵的時間將4重新加熱。
7 將煮好的細扁麵、3以及剩餘的特級初榨橄欖油、煮麵水放入6中混合拌勻，最後以鹽和胡椒調味即可。

memo

加了焦香微苦的紫萵苣，成了一道口味與視覺都展現成熟大人味的蛤蜊義大利麵。
若要給小孩吃，可以將紫萵苣替換成高麗菜。

Red-leaved chicory vongole

油菜花蛤蜊奶醬麵

● 材料（2人份）

細扁麵　　160克
蛤蜊　　150克
油菜花　　120克
大蒜　　1瓣
鰻魚　　1片
鮮奶油　　100毫升
橄欖油　　2大匙
白酒　　1大匙
鹽、胡椒　　各少許
煮麵水　　50毫升

● 作法

1 蛤蜊放入和海水一樣鹹度的鹽水（份量外）中吐沙。油菜花泡水約10分鐘後瀝乾水分，切除根部後再切成2公分長段。大蒜切末。
2 平底鍋裡放入橄欖油和蒜末，以小火慢慢拌炒至香氣飄出，接著放入蛤蜊、油菜花和鰻魚，淋上白酒後蓋上鍋蓋。轉中火約燜4分鐘，待蛤蜊殼開了之後便可熄火。
3 將細扁麵放入加了鹽（份量外）的滾水中汆燙。
4 配合煮麵的時間將2重新加熱。
5 將煮好的細扁麵放入4中，並加入鮮奶油和煮麵水一起充分拌勻，最後以鹽和胡椒調味。

memo

以鮮奶油襯托油菜花的微淡苦味，是道可以讓人感受到春天氣息的美味組合。

Creamy canola flower & clam

烤花椰菜螺旋麵

● **材料**（2人份）

螺旋麵　　160克
花椰菜　　300克
巴西利　　1枝
大蒜　　1瓣
奶油　　30克
帕馬森乳酪　　30克
咖哩粉　　1／2小匙
鹽　　少許
煮麵水　　50毫升

● **作法**

1 花椰菜切成小株後再切成薄片，平鋪在耐熱容器中，放入小烤箱烤到呈金黃色。巴西利和大蒜切末。

2 平底鍋裡放入奶油以小火加熱，待奶油融化後放入蒜末拌炒到呈淡咖啡色，接著放入巴西利一起混合拌炒後便可熄火。

3 將螺旋麵放入加了鹽（份量外）的滾水中汆燙。

4 配合煮麵的時間將2重新加熱，加入煮麵水，稍微搖晃平底鍋使鍋中油脂和水分乳化均勻。

5 將煮好的螺旋麵放入4的鍋中，加入1的花椰菜和咖哩粉一起充分拌勻，最後再以鹽調味。

6 盛盤後磨上帕馬森乳酪即可。

memo

烤過的花椰菜香氣和口感會比較好，再拌上奶油和咖哩粉，滋味更豐富。

Grilled cauliflower

番茄乾羊栖菜義大利麵

● **材料**（2人份）

一般長麵　160克
長羊栖菜（乾燥）　20克
番茄乾　4顆
洋蔥　1/2顆
黑橄欖　8粒
大蒜　1瓣
橄欖油　1大匙
特級初榨橄欖油　1大匙
檸檬汁　少許
鹽、胡椒　各少許
煮麵水　50毫升

● **作法**

1 長羊栖菜以大量的水浸泡約20分鐘，泡開後瀝乾水分，切成長段。番茄乾放入大量熱水中約10分鐘，泡開後擰乾水分切末。洋蔥縱向切成薄片。黑橄欖去除種子後切成圓片狀。大蒜切末。
2 平底鍋裡放入橄欖油和蒜末，以小火慢慢拌炒至香氣飄出，接著加入洋蔥，轉中火拌炒至洋蔥變軟。放入長羊栖菜、番茄乾、黑橄欖，拌炒約3分鐘便可熄火。
3 將麵條放入加了鹽（份量外）的滾水中氽燙。
4 配合煮麵的時間將2重新加熱。
5 將煮好的麵放入4的平底鍋中，加入特級初榨橄欖油和煮麵水充分拌勻，最後以鹽和胡椒調味。
6 盛盤後淋上檸檬汁。

memo

羊栖菜的海味與番茄乾的甜味是非常適合的搭配。

Hijiki & dried tomato

PASTA SOUP

簡便義大利蔬菜湯

● 材料（2人份）

字母麵　50克
球甘藍（brussels sprout）　4顆
迷你洋蔥　4顆
玉米筍　4根
法蘭克福香腸（熱狗）　2根
番茄汁　300毫升
水　300毫升
橄欖油　2大匙
香料鹽　少許
帕馬森起士粉　少許
塔巴斯科辣椒醬（tabasco sauce）　隨意

● 作法

1 將球甘藍、迷你洋蔥、玉米筍、法蘭克福香腸全切成0.8公分厚的
　圓片狀。
2 鍋子裡倒入橄欖油以中火加熱，接著放入1的蔬菜迅速拌炒，待食
　材變軟後加入番茄汁和水，沸騰後轉小火，加入字母麵和香腸煮約
　5分鐘，最後以香料鹽調味後便可盛盤。
3 撒上帕馬森起士粉，並淋上塔巴斯科辣椒醬一起吃。

memo

這道簡便的義大利蔬菜湯是先將容易熟的蔬菜簡單拌炒，
最後再以番茄汁和香料鹽來調味就能完成。

Easy minestrone

南瓜寬扁麵濃湯

● 材料（2人份）

寬扁麵　　50克
南瓜（瓜肉）　　200克
大蒜　　1瓣
蔬菜高湯　　500毫升
豆漿　　100毫升
橄欖油　　1大匙
綜合味噌　　1大匙
咖哩粉　　1/4小匙
奧勒岡（乾燥）　　少許
帕馬森乳酪　　適量
鹽、黑胡椒　　各少許

● 作法

1 南瓜去除種子和瓜囊，削皮後切成2公分塊狀。大蒜切末，帕馬森乳酪磨成粉備用。

2 鍋子裡放入橄欖油和蒜末，以小火慢炒至香氣飄出，接著加入南瓜，轉中火炒至南瓜熟透、軟綿易碎的程度便可熄火。

3 加入蔬菜高湯後，以手持式電動攪拌器將所有食材攪拌均勻。

4 再次開火，煮滾後轉小火，放入寬扁麵、綜合味噌、咖哩粉煮約10分鐘。

5 最後再加入豆漿，煮滾後便可熄火。以鹽和黑胡椒調味，再撒上奧勒岡和帕馬森乳酪即可。

memo

以扁平狀的寬扁麵做成味噌風味的南瓜濃湯，
是一道以餺飥麵＊為發想的暖呼呼義大利湯麵。

＊餺飥麵：將扁平狀的烏龍麵與蔬菜和味噌一起煮成的湯麵料理，為日本山梨縣的代表性鄉土料理。

Pumpkin pottage

Codfish & potato soup

鱈魚馬鈴薯螺旋麵湯

● 材料（2人份）

螺旋麵　　50克
鱈魚（切片）　2片
馬鈴薯　1顆
番茄　中型2顆
巴西利　少許
蔬菜高湯　600毫升
特級初榨橄欖油　1大匙
鹽　適量
檸檬汁　隨意

● 作法

1 馬鈴薯去皮後切成2公分塊狀。番茄過熱水剝去外皮，切成4等份半月形。巴西利切末。在鱈魚肉上撒點鹽，靜置約15分鐘，接著將水分確實擦乾，切成一口大小。
2 鍋子裡放入蔬菜高湯、馬鈴薯和一小撮鹽，以小火煮到馬鈴薯熟透。接著加入螺旋麵、番茄和鱈魚，維持小火煮約10分鐘，再以鹽調味。
3 盛盤後撒上巴西利，淋上特級初榨橄欖油，也可依各人喜好擠點檸檬汁。

memo

以清爽高湯與煮到入口即化的食材搭配而成的一道義大利麵湯。

Oyster & green onion creamy soup

牡蠣青蔥奶油湯麵

● 材料（2人份）

貝殼麵　　50克

牡蠣　　100克

青蔥（九條蔥）　2根

洋蔥　　1/4顆

大蒜　　1瓣

薑　　10克

蔬菜高湯　　500毫升

牛奶　　100毫升

鮮奶油　　2大匙

白酒　　1大匙

橄欖油　　1大匙

鹽　　適量

● 作法

1 以鹽水（份量外）清洗牡蠣，擦乾水分後淋上白酒。

2 青蔥斜切成薄片。洋蔥、大蒜、薑切末。

3 鍋子裡放入橄欖油以小火加熱，接著放入洋蔥、蒜末和薑末慢慢炒香，再加入蔬菜高湯和螺旋麵。

4 配合螺旋麵煮熟的時間加入牡蠣，煮開後再放入青蔥、牛奶和鮮奶油混合拌勻，等到再一次沸騰便可熄火。最後以鹽調味。

memo

以牡蠣的鮮味和青蔥的甜味，完成這道口感益加溫和順口的奶油湯麵。

白腰豆雞肉義大利湯麵

● 材料（2人份）

螺旋麵　　50克

雞腿肉　　100克

白腰豆（水煮）　　200克

洋蔥　　1/4顆

大蒜　　1瓣

蔬菜高湯　　600毫升

橄欖油　　1大匙

奶油　　10克

月桂葉　　1片

肉豆蔻　　少許

鹽、胡椒　　各少許

● 作法

1 將白腰豆瀝乾水分，洋蔥和大蒜切末。雞腿肉切成方便食用的大小後，撒上鹽和胡椒備用。

2 鍋子裡倒入橄欖油以中火加熱，接著放入雞腿肉拌炒，待雞肉熟了之後先取出。

3 把洋蔥末和蒜末放入鍋中充分拌炒，此時先熄火，加入一半的白腰豆和蔬菜高湯，以手持式電動攪拌器將所有食材攪拌均勻。

4 開小火，放入螺旋麵、2的雞肉、月桂葉，以及剩下的白腰豆，燉煮約10分鐘。

5 最後再加入奶油和肉豆蔻拌勻，熄火後以鹽調味。

memo

軟綿的豆子吃得出雞肉和蔬菜的鮮甜。

White kidney bean & chicken soup

Clam & green pea soup

Chiken & garland chrysanthemum
soy milk soup

蛤蜊豌豆庫司庫司湯

● 材料（2人份）

庫司庫司　2大匙
豌豆　10瓣
蛤蜊　100克
大蒜　1瓣
水　500毫升
白酒　2大匙
橄欖油　1大匙
萊姆（或是檸檬）　1/4顆
鹽、胡椒　各少許

● 作法

1 豌豆洗淨後剝出豆仁，豆莢則用來熬高湯。在鍋子裡放入豆莢和清水，以小火煮約10分鐘。
2 將蛤蜊泡在海水鹹度的鹽水（份量外）中吐沙。大蒜切末。
3 鍋子裡放入橄欖油和蒜末，以小火慢慢炒香，接著放入蛤蜊，淋上白酒後蓋上鍋蓋。轉中火燜煮約4分鐘，等到蛤蜊開殼後便可放入1的豆莢高湯和庫司庫司，煮約3分鐘。
4 最後以鹽和胡椒調味，再擠上萊姆汁即可。

memo

蛤蜊與豌豆的搭配展現了春天的風味，再以清淡的庫司庫司增加口感。

雞肉春菊豆漿湯麵

● 材料（2人份）

貝殼麵　50克
雞翅膀　4支
春菊　50克
大蒜　1瓣
薑　10克
蔥　10公分
豆漿　150毫升
A ┌ 水　400毫升
　├ 清酒　1大匙
　└ 鹽　1/4小匙
芝麻油　少許
白芝麻　少許
鹽、胡椒　各少許
苦椒醬　隨意

● 作法

1 將雞翅膀沿著骨頭的地方以剪刀剪出刀痕，撒上鹽和胡椒。大蒜、薑、蔥切末。春菊切成3公分長段。
2 鍋子裡放入芝麻油、大蒜、薑和蔥，以小火炒香後，加入雞翅膀充分拌炒。
3 接著倒入A，煮開後加入貝殼麵。待貝殼麵煮熟後再加入春菊和豆漿，沸騰後即可熄火，以鹽和胡椒調味。
4 盛盤，撒上白芝麻，淋上幾滴芝麻油（份量外），再依各人喜好加入苦椒醬融在湯裡一起食用。

memo

這道韓式口味的湯品有著雞肉的鮮甜與香氣蔬菜的氣味。
除了貝殼麵以外，也可以改放烤麻糬或飯類一起吃。

PASTA SNACK

墨西哥風味通心粉

● 材料（2人份）

通心粉　　80克
墨西哥薄餅　　2片
西班牙辣腸　　2根
番茄　　1大顆
酪梨　　1/2顆
洋蔥　　1/4顆
大蒜　　1瓣
切達乳酪絲　　40克
番茄醬汁（P.28）　　4大匙
橄欖油　　1大匙
特級初榨橄欖油　　1大匙
辣椒粉　　2小匙
萊姆　　1/2顆
鹽、胡椒　　各少許
煮麵水　　20毫升
塔巴斯科辣椒醬　　隨意

● 作法

1 番茄切成半月形塊狀。酪梨去除外皮和種子後，縱切成薄片狀。洋蔥和大蒜切末，西班牙辣腸切成寬0.5公分的圓片狀。

2 平底鍋裡放入橄欖油和蒜末，以小火慢慢炒香，接著加入洋蔥和西班牙辣腸，轉中火拌炒至洋蔥變軟後，放入番茄醬汁和辣椒粉拌勻，熄火。

3 將通心粉放入加了鹽（份量外）的滾水中汆燙。

4 配合煮麵的時間將2重新加熱。

5 將煮好的通心粉放入4中，再加入特級初榨橄欖油和煮麵水，將所有食材充分拌勻，最後以鹽和胡椒調味。

6 另取一個平底鍋將墨西哥薄餅稍微烤熱，取出後放至盤上，再擺上5、番茄和酪梨、切達乳酪絲。淋上一點萊姆汁，再依喜好加點塔巴斯科辣椒醬一起吃。

memo
以通心粉變化成熱情墨西哥風味的薄餅吃法，就張開大口盡情咬下吧！

Mexican macaroni

Fried gnocchi with
tomato sauce

炸麵疙瘩下酒菜

● 材料（2人份）

馬鈴薯麵疙瘩（P.27）　80克
南瓜麵疙瘩（P.27）　80克
番茄醬汁（P.28）　適量
沙拉油　適量

● 作法

1 將麵疙瘩整成喜好的形狀，放入中溫的熱油中去炸。待浮起後上下翻
　面再炸約1分鐘，接著便可撈起將油瀝乾。
2 將炸好的麵疙瘩盛盤，沾著番茄醬汁一起吃。

memo

剛炸好的義式麵疙瘩是最美味的下酒菜。沾醬也可換成菠菜醬汁（P.28）。

Fried gnocchi coated
with kinako & sugar

炸麵疙瘩點心

● 材料（2人份）

南瓜麵疙瘩（P.27）　80克
地瓜麵疙瘩（P.27）　80克
黃豆粉　1大匙
糖粉　1大匙
沙拉油　適量

● 作法

1 將麵疙瘩整成喜好的形狀，放入中溫的熱油中去炸。待浮起後上下翻面再炸約1分鐘，接著便可撈起將油瀝乾。

2 將黃豆粉與糖粉混合均勻，撒在剛炸好的麵疙瘩上即可食用。

memo

炸麵疙瘩吃起來很像甜甜圈，連小孩子都很喜歡。也可搭配打發鮮奶油或巧克力醬一起吃。

Cheese pasta muffin

Canola flower & bacon pancake

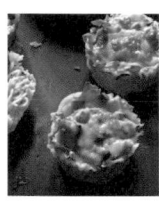

乳酪義大利麵馬芬

● **材料**（直徑70mm，高30mm的杯型，6個）

天使細麵　90克
培根片　1片
菠菜　3株
披薩專用乳酪絲　60克
帕馬森乳酪　40克
蛋　1顆
融化的液態奶油　20克
奶油　10克
胡椒　少許

● **作法**

1 烤箱預熱至攝氏200度。

2 菠菜切除根部後，切成2公分長段。培根切成1公分寬。

3 平底鍋中放入奶油，以中火加熱至奶油融化，接著將培根和菠菜放入拌炒。等到食材都炒熟之後熄火，取出放涼。

4 大碗裡打入一顆蛋，加入融化的液態奶油和帕馬森乳酪粉，充分拌勻。

5 將天使細麵對折，放入加了鹽（份量外）的滾水中汆燙。煮好後撈起瀝乾水分，放入4的大碗中，再加入胡椒，將所有食材充分拌勻。

6 將5放入杯子狀的烤模中，中間壓入凹形，填入3的食材，最上面放上乳酪絲。放入預熱好的烤箱中烤約10分鐘，完成後放涼便可自烤模中取出。

memo

這道義大利麵馬芬濃縮了食材鮮味與甜味。
炒菠菜也可以換成肉醬，自由搭配出各種多變的組合。

油菜花培根義大利麵煎餅

● **材料**（4片）

螺旋麵　　80克
油菜花　　4根
培根片　　2片
低筋麵粉　　80克
泡打粉　　1/2小匙
牛奶　　60毫升
蛋　　1顆
奶油　　10克
鹽　　一小撮
胡椒　　少許
楓糖漿　　適量

● **作法**

1 將油菜花泡水約10分鐘，接著瀝乾水分，切去根部。培根切對半。
2 將低筋麵粉和泡打粉充分混勻後過篩備用。
3 大碗裡打入一顆蛋，放入2的粉類和牛奶、鹽，充分拌勻。
4 將螺旋麵放入加了鹽（份量外）的滾水中氽燙，煮好後撈起瀝乾水分，放入另一個大碗中，加入奶油和胡椒拌勻，再將3加入一起拌勻。
5 取一支不沾平底鍋，開小火熱鍋，接著放入一片培根，上面再擺上一根油菜花，然後將4的麵糊由上面倒入1/4的份量，蓋上鍋蓋燜煎約2分鐘，接著上下翻面再煎2分鐘。剩餘的食材也以同樣方式一一煎好。
6 盛盤，淋上楓糖漿一起食用。

memo

這是一款加了義大利麵口感的煎餅，
除此之外還有油菜花的苦味和培根的鹹香，
再加上甜蜜的楓糖漿，可以作為早餐食用。

PASTA SALAD

希臘沙拉

● **材料**（2人份）

貝殼麵　　60克
小番茄　　8顆
小黃瓜　　1根
青椒　　1顆
紫洋蔥　　1/2顆
橄欖（黑色、綠色）　各5粒
菲達乳酪（feta）　60克
特級初榨橄欖油　4大匙
檸檬汁　1大匙
奧勒岡（乾燥）　少許
鹽、胡椒　各少許

● **作法**

1 小番茄切成塊狀，小黃瓜、青椒和紫洋蔥切末。橄欖去除種子後切末。

2 將1的食材放入大碗中，淋上一半的特級初榨橄欖油和檸檬汁，並加入奧勒岡充分拌勻。

3 將貝殼麵放入加了鹽（份量外）的滾水中汆燙，煮好後放入流水中冷卻，再撈起瀝乾水分。

4 將貝殼麵放入2中充分拌勻，以鹽和胡椒調味後便可盛盤。

5 將菲達乳酪剝碎撒在沙拉上，最後再淋上剩餘的特級初榨橄欖油即可。

memo

一道加了許多切碎蔬菜的貝殼麵沙拉，並以帶有鹹味的菲達乳酪提味。

Greek salad

章魚櫻桃蘿蔔蝴蝶麵沙拉

● **材料**（2人份）

蝴蝶麵　　60克

氽燙章魚（觸腕）　120克

櫻桃蘿蔔　6顆

紫洋蔥　1/2顆

橄欖（黑色、綠色）　各5粒

月桂葉　1片

紅椒粉　1/4小匙

特級初榨橄欖油　1大匙

鹽、胡椒　各少許

A
```
　　特級初榨橄欖油　2大匙
　　白酒　1大匙
　　檸檬汁　1大匙
　　蒜泥　少許
　　辣椒粉　1/2小匙
　　鹽　1/4小匙
　　胡椒　少許
```

● **作法**

1 將氽燙章魚切成後0.2公分的薄片。櫻桃蘿蔔切除葉子後，也切成 0.2公分的圓片，蘿蔔葉則撕成對半。紫洋蔥切末，橄欖去除種子後 切成圓片。

2 將A放入大碗中充分拌勻，接著加入1和月桂葉，混合均勻後放入冰 箱約1小時等待入味。

3 將蝴蝶麵放入加了鹽（份量外）的滾水中氽燙，煮好後放入流水中冷 卻，再撈起瀝乾水分。

4 接著將蝴蝶麵放入2的大碗中拌勻，以鹽和胡椒調味後便可盛盤。

5 撒上紅椒粉，並淋上特級初榨橄欖油即可食用。

memo

這是一道以紅色食材搭配紅色香料的義大利麵沙拉，
酸味和辛辣口感可以發揮促進食欲的作用。

Octopus & radish red salad

酪梨奶醬螺旋麵沙拉

● **材料**（**2人份**）

螺旋麵　　60克
蝦仁（冷凍）　100克
酪梨　2顆
洋蔥　　1/4顆
特級初榨橄欖油　　1大匙
檸檬汁　　少許
鹽、胡椒　　各少許

A
┌ 脫水優格　　50克*
│ 特級初榨橄欖油　　1大匙
│ 練乳　　2小匙
│ 檸檬汁　　1小匙
└ 鹽　　少許

＊ 脫水優格（50克）作法：
　在網篩中鋪上一層紙巾，
　放入原味優格（100克）靜置約1小時，
　最後再將水分擰乾即可。

● **作法**

1 酪梨切對半後去除種子和外皮，切成1公分塊狀，淋上檸檬汁。洋蔥切末。

2 將冷凍蝦仁放入滾水中氽燙，煮好後撈起放涼，瀝乾水分，撒上鹽和胡椒備用。

3 將螺旋麵放入加了鹽（份量外）的滾水中氽燙，煮好後確實瀝乾水分，放入大碗中，加入1、2、特級初榨橄欖油，充分拌勻。

4 另取一個碗，倒入A所有食材充分拌勻，最後再將3放入混合拌勻即可。

memo

以酪梨和優格調成醬汁，呈現一道奶香風味的義大利麵沙拉。

Creamy avocado salad

B.L.T. 蝴蝶麵沙拉

● **材料**（2人份）

蝴蝶麵　60克
培根（片）　4片
小番茄　8顆
萵苣　1/4顆
帕馬森乳酪　40克

A
- 特級初榨橄欖油　4大匙
- 紅酒醋　2大匙
- 蒜泥　少許
- 鹽　1/4小匙
- 黑胡椒　少許

● **作法**

1 烤箱預熱至攝氏230度。
2 烤盤鋪上一層烘焙紙，放上培根和小番茄，放入預熱好的烤箱中烤約15分鐘，直到小番茄烤到確實上色，培根變得焦脆為止。以紙巾吸除培根多餘的油脂。
3 將萵苣以手撕成和蝴蝶麵一樣的大小。帕馬森乳酪磨成粉。
4 大碗中放入A，以打蛋器充分混合所有食材。
5 將蝴蝶麵放入加了鹽（份量外）的滾水中汆燙，煮好後放入流水中冷卻，再撈起確實瀝乾水分。
6 將蝴蝶麵和一半的帕馬森乳酪粉放入4的大碗中，充分拌勻。
7 盤子上以萵苣鋪底，將6放在萵苣上，再擺上2的培根和小番茄，最後再撒上剩餘的帕馬森乳酪。

memo

經過烘烤將甜味完整濃縮的小番茄，
搭配烤得焦香的培根一起組合而成的培根生菜番茄（B.L.T）沙拉。
淋上充分的醬汁和乳酪是整道料理美味的關鍵。

B.L.T. salad

庫司庫司生魚冷盤

● **材料**（2人份）

庫司庫司　2大匙
鯛魚（生魚片用）　100克
生火腿　50克
新洋蔥　1/4顆
蒜泥　1/2瓣
檸檬片　2片
蒔蘿　少許
特級初榨橄欖油　適量
黑胡椒　少許

A
┌ 特級初榨橄欖油　1大匙
│ 魚露　1小匙
│ 辣椒粉　1/2小匙
└ 紅椒粉　1/2小匙

● **作法**

1 將庫司庫司放入加了鹽（份量外）的滾水中汆燙，煮好後確實瀝乾水分。接著放入大碗中，並加入A充分拌勻，放置冰箱冷卻。
2 新洋蔥橫切成薄片。鯛魚斜切成薄片。生火腿以手撕成適當大小。
3 盤子上放入蒜泥，淋上1大匙特級初榨橄欖油，以手指將蒜泥和橄欖油均勻沾抹至整個盤面。
4 將鯛魚片和生火腿排入盤中，均勻撒上洋蔥並放上庫司庫司。接著擺上切成小片三角狀的檸檬，並將蒔蘿撕碎散放。最後再撒上黑胡椒，淋上特級初榨橄欖油即可。

memo

以乍看就像魚卵的庫司庫司，
搭配鯛魚和生火腿所呈現的一道義式冷盤料理。

couscous carpaccio

PASTA FOR DINNER

淺漬醬菜螺旋麵

● **材料**（2人份）

螺旋麵　120克
茄子　3根
小黃瓜　2根
薑　30克
大蒜　1瓣
辣椒　1根
生火腿（剩餘肉塊）　30克
莫札瑞拉乳酪　50克
特級初榨橄欖油　2大匙

A
- 醬油　1大匙
- 水　1大匙
- 穀物醋　1小匙
- 砂糖　1小匙
- 鹽　1/2小匙

● **作法**

1 茄子和小黃瓜對半縱切，再斜切成薄片。薑和大蒜切薄片。辣椒去除辣椒子後切末。
2 將1的蔬菜和A一起放入塑膠袋中，擠出空氣後綁緊，稍微搓揉袋中食材後靜置30分鐘等待入味。
3 接著將2的蔬菜倒出，擰乾水分後切成小塊狀。
4 生火腿和莫札瑞拉乳酪同樣切成小塊狀，放入大碗中。加入3和特級初榨橄欖油混合拌勻。
5 將螺旋麵放入加了鹽（份量外）的滾水中汆燙，煮好後放入流水中冷卻，再撈起確實瀝乾水分。接著放入4的大碗中充分拌勻即可。

memo

口味清淡爽口，非常適合炎熱的夏天。
也很適合搭配冰涼的白酒或清酒一起食用。

Pickles pasta

Minced Sardine ball
& summer vegetable

沙丁魚丸炒夏季蔬菜水管麵

● 材料（2人份）

水管麵　120克

沙丁魚　2尾

茄子　2根

櫛瓜　1根

小番茄　6顆

大蒜　1瓣

迷迭香、百里香　各1枝

橄欖油　3大匙

特級初榨橄欖油　1大匙

鹽、胡椒　各少許

煮麵水　50毫升

帕馬森乳酪（磨成粉）　適量

A
- 洋蔥末　1/2顆
- 蒜泥　1/2小匙
- 薑泥　1/2小匙
- 帕馬森乳酪（磨成粉）　20克
- 麵包粉　2大匙
- 鹽、胡椒　各少許

● 作法

1 將沙丁魚片下兩面的魚肉，剝除魚皮後切成塊狀，和A一起放入食物調理機中，攪拌成帶有稍微顆粒感的魚泥，再捏成2.5公分左右的丸狀。

2 將茄子和櫛瓜切成2公分塊狀，小番茄對半縱切，大蒜以菜刀拍碎。

3 平底鍋裡放入橄欖油和大蒜，以小火慢慢炒香，接著將1的魚肉丸加入，轉中火炒到魚肉丸上了焦色後便可取出備用。

4 將茄子和櫛瓜放入3的平底鍋中以中火拌炒，炒熟後放入魚肉丸、迷迭香和百里香，將所有食材稍微拌勻後便可熄火。

5 將水管麵放入加了鹽（份量外）的滾水中汆燙。

6 配合煮麵的時間將4重新加熱。

7 將煮好的水管麵放入6中，並加入特級初榨橄欖油和煮麵水，將所有食材充分拌勻，最後以鹽和胡椒調味。

8 盛盤，撒上帕馬森乳酪。

memo

這是一道以沙丁魚丸搭配夏季蔬菜、美味指數滿分的健康義大利麵。

Capellini chanpuru

沖繩風味苦瓜什錦天使細麵

● **材料**（2人份）

天使細麵　160克
午餐肉罐頭　100克
苦瓜　1/2根
大蒜　1瓣
散蛋　2顆
沙拉油　1大匙
鹽、胡椒　各少許
柴魚片　適量

A
┌ 醬油　1又1/2大匙
│ 芝麻油　1大匙
│ 味醂　1大匙
└ 砂糖　1/2小匙

● **作法**

1 將天使細麵放入加了鹽（份量外）的滾水中汆燙至麵芯較軟的狀態，煮好後撈起確實瀝乾水分。接著以剪刀將麵條剪短至不易糾結在一起，放入大碗中，加入A混合拌勻後放涼。

2 苦瓜對半縱切，去除種子和瓜囊後切成0.6公分厚片。大蒜切薄片，午餐肉則切成寬1公分的長條狀。

3 將苦瓜先汆燙約1分鐘，之後撈起瀝乾水分。

4 平底鍋裡放入沙拉油和蒜片，以小火慢慢炒香。接著放入苦瓜和午餐肉，轉中火拌炒。倒入打散的蛋液，稍微混合拌炒後，將1的麵條放入平底鍋中一起拌勻，最後以鹽和胡椒調味。

5 盛盤，撒上柴魚片即可。

memo

苦瓜的苦味配上鹹香的午餐肉，十分美味。

Fried noodle with
Chinese chives & bean sprouts

豆芽韭菜鐵板義大利麵

● **材料**（2人份）

一般長麵　　160克
豬肩胛肉　　100克
韭菜　　1把
豆芽菜　　1袋
大蒜　　1瓣
伍斯特醬　　4大匙
橄欖油　　1大匙
鹽、胡椒　　各少許

● **作法**

1 韭菜切成2公分長段，大蒜切薄片。豬肩胛肉切成適當大小，撒上鹽和胡椒。

2 平底鍋裡放入橄欖油和蒜片，以小火慢慢炒香。接著放入豆芽菜和豬肩胛肉，轉中火炒至微焦後便可熄火。

3 將長麵條放入加了鹽（份量外）的滾水中汆燙。

4 配合煮麵的時間將2重新加熱。

5 將煮好的麵條放入4中，加入韭菜和伍斯特醬，以中火將所有食材炒勻、收乾湯汁，最後以鹽和胡椒調味。

6 盛至事先預熱好的鐵盤上。

memo

十足的伍斯特醬是這道料理的美味關鍵。

甜椒鑲筆管麵

● **材料**（2人份）

筆管麵　　80克
甜椒　　3顆
玉米筍　　6根
鮪魚罐頭（油漬）　　100克
番茄醬汁（P.28）　　100毫升
披薩專用乳酪絲　　60克
特級初榨橄欖油　　1大匙
鹽、胡椒　　各少許

● **作法**

1 烤箱預熱至攝氏200度。
2 甜椒對半縱切，去除種子。玉米筍切對半。
3 鮪魚瀝除油脂，放入大碗中，加入1的玉米筍、番茄醬汁、乳酪絲、鹽、胡椒。將所有食材混合拌勻。
4 將筆管麵放入加了鹽（份量外）的滾水中汆燙，煮好撈起瀝乾水分後，放入3中混合拌勻。
5 將4填入甜椒中。烤盤鋪上一層烘焙紙，擺上填好餡的甜椒，淋上特級初榨橄欖油，放入預熱好的烤箱中烤約15分鐘。

memo

大顆甜椒是最適合用來做鑲餡料理的蔬菜，
大家不妨就用平時剩餘的麵條和醬汁來自由搭配變化吧。

Grilled penne - stuffed paprika

One-Skillet
mushroom tagliatelle

一鍋料理香菇寬扁麵

● 材料（2人份）

寬扁麵　160克
熱狗　4根
香菇　50克
杏鮑菇　50克
鴻喜菇　50克
舞菇　50克
大蒜　1瓣
迷迭香　1枝
披薩專用乳酪絲　80克
麵包粉　2大匙
橄欖油　1大匙
特級初榨橄欖油　1大匙
鹽　1/2小匙

● 作法

1 烤箱預熱至攝氏200度。
2 寬扁麵折成約6公分的長段。菇類切除根部，切成適當大小。大蒜切薄片。熱狗切成寬約1公分的圓片。
3 煎鍋中放入2的所有食材，撒上鹽，淋上橄欖油，注入約七分滿的水（份量外）後開中火。煮的時候不時以木杓翻動食材，避免鍋底燒焦。待水分收乾之後便可熄火。
4 在3上頭撒上乳酪絲和麵包粉，迷迭香撕碎後也撒上，最後淋上特級初榨橄欖油，放入預熱好的烤箱中烤約10分鐘即可。

memo

煮麵、烘烤全用一支煎鍋來完成。
麵條吸飽了菇類的鮮甜，非常美味。

義式麵疙瘩烤紙包秋刀魚

● 材料（2人份）

馬鈴薯麵疙瘩（P.27） 80克

秋刀魚 2尾

舞菇 50克

蔥 5公分

鯷魚 1片

檸檬片 2片

迷迭香 1枝

特級初榨橄欖油 2大匙

奶油 10克

白酒 1/2大匙

鹽、胡椒 各少許

● 作法

1 在秋刀魚上稍微撒點鹽，靜置約5分鐘等待出水，接著擦乾水分後切對半。

2 舞菇剝散，灑上白酒和鹽、胡椒。蔥切末。

3 裁2張30公分正方形的烘焙紙，上下重疊。在烘焙紙中間淋上1/2大匙的特級初榨橄欖油，接著依序擺上鯷魚、蔥、秋刀魚、檸檬片、奶油、迷迭香，周圍用麵疙瘩和舞菇圍住，最後再將剩餘的特級初榨橄欖油淋上去。

4 將3的烘焙紙四邊往內摺包好，放於平底鍋上，蓋上鍋蓋以中火烤約8分鐘，等到烘焙紙底部看得見焦痕就完成了。

memo

麵疙瘩吸附了秋刀魚的鮮甜，是一道秋味十足的紙包料理。

稍微烤焦一點味道更香、更好吃。

也可以用煮得較硬的麵條來取代麵疙瘩。

Pacific saury &
gnocchi Cartoccio

梅乾胡桃奶油麵疙瘩

● **材料**（2人份）

南瓜麵疙瘩（P.27）　160克
梅乾　8顆
胡桃　30克
鼠尾草　6片
奶油　20克
楓糖漿　2小匙
鹽　少許
煮麵水　40毫升

● **作法**

1 梅乾挖除種子後切成2等份。胡桃剝成碎粒。
2 平底鍋裡放入鼠尾草和奶油，以中火煮至奶油冒泡，熄火。
3 將麵疙瘩放入加了鹽（份量外）的滾水中汆燙。
4 配合煮麵的時間將2重新加熱。
5 將煮好的麵疙瘩放入4中，加入梅乾、胡桃、楓糖漿和煮麵水混合
　 拌勻，最後以鹽調味。

memo

整體味道略甜，更吃得到食材的風味和口感。
這道料理帶有甜點的感覺，
卻很適合搭配較澀的紅酒一起食用。

Butter gnocchi with
dried prune & walnut

Raisin, nuts & grilled onion

葡萄乾堅果烤洋蔥蝴蝶麵

● 材料（2人份）

蝴蝶麵　120克

杏仁、腰果、胡桃　各6顆

葡萄乾　1大匙

洋蔥　1顆

鰻魚　2片

麵包粉　2大匙

奶油　40克

橄欖油　1大匙

咖哩粉　少許

鹽、黑胡椒　各少許

煮麵水　4大匙

帕馬森乳酪（磨成粉）　適量

● 作法

1 洋蔥連皮縱切成8等份，放在鋪有烘焙紙的烤盤上，淋上橄欖油，放入預熱至攝氏230度的烤箱中烤約40分鐘。中途視烘烤狀態偶爾翻動洋蔥。

2 將所有堅果類放入塑膠袋中，以擀麵棍敲碎。麵包粉也剁成同樣大小的碎粒。

3 平底鍋裡放入10克奶油，以中火融化後再加入麵包粉，炒到麵包粉呈焦色便便熄火。加入咖哩粉混合拌勻，倒至大碗中放涼。

4 在3的平底鍋中放入剩餘的奶油，以中火融化後，放入堅果碎粒、葡萄乾和鰻魚，邊炒邊將鰻魚剝碎，熄火。

5 將蝴蝶麵放入加了鹽（份量外）的滾水中氽燙。

6 配合煮麵的時間將4以小火重新加熱。

7 把煮好的蝴蝶麵放入6中，並加入煮麵水充分拌勻，以鹽和黑胡椒調味。連同烤好的洋蔥一起盛盤，最後再撒上3和帕馬森乳酪。

memo

洋蔥和麵包粉烤得焦香，堅果多了鰻魚及奶油的鹹香提味，
一盤料理同時品嘗到各種不同的風味。

白菜牡蠣貝殼麵

● **材料**（2人份）

貝殼麵　　120克
牡蠣　　100克
大白菜　　1/8顆
大蒜　　1瓣
辣椒　　1根
橄欖油　　2大匙
特級初榨橄欖油　　1大匙
魚露　　1/2小匙
巴西利　　少許
低筋麵粉　　少許
鹽、胡椒　　各少許
煮麵水　　50毫升

● **作法**

1 將大白菜切成粗末，放入大碗中，撒上些許鹽靜置出水，最後再擰乾水分備用。大蒜和巴西利切末。辣椒切對半，去除種子。

2 將牡蠣以鹽水（份量外）洗淨，確實擦乾水分後，撒上鹽、胡椒和低筋麵粉。

3 平底鍋裡放入橄欖油、蒜末和辣椒，以小火炒香。接著加入2的牡蠣拌炒，牡蠣炒熟後先取出備用。

4 在3的平底鍋中放入大白菜，以中火拌炒到約剩1/2的份量時，把牡蠣放回鍋中。

5 將貝殼麵放入加了鹽（份量外）的滾水中汆燙。

6 配合煮麵的時間將4重新加熱。

7 把煮好的貝殼麵放入6中，再加入特級初榨橄欖油、魚露、巴西利和煮麵水，所有食材充分混合拌炒均勻即可。

memo

這道料理可搭配白酒一起享用，大白菜的甜和牡蠣的鮮非常美味。

Chinese cabbage & oyster

123

Chicken & daikon stew

蘿蔔燉雞肉貝殼麵

● 材料（2人份）

貝殼麵　　120克
雞腿肉　　150克
白蘿蔔　　300克
大蒜　　1瓣
黑橄欖　　10粒
橄欖油　　2大匙
特級初榨橄欖油　　1大匙
山椒　　少許
鹽、胡椒　　各少許
煮麵水　　50毫升
帕馬森乳酪　　少許

A
┌ 清酒　　2大匙
│ 醬油　　1大匙
│ 砂糖　　1大匙
└ 月桂葉　　1片

● 作法

1 白蘿蔔去皮後切成2公分塊狀。大蒜切薄片。黑橄欖挖除種子後切對半。雞腿肉切成一口大小，撒上鹽和胡椒。

2 鍋子裡放入橄欖油和蒜片，以小火慢慢炒香。接著放入白蘿蔔，轉中火充分拌炒至蘿蔔熟透。放入黑橄欖、雞肉、A，轉小火燉煮約10分鐘，熄火。

3 將背殼麵放入加了鹽（份量外）的滾水中汆燙。

4 配合煮麵的時間將2重新加熱。

5 將煮好的貝殼麵放入4中，加入特級初榨橄欖油、山椒和煮麵水，把所有食材充分拌勻，再以鹽和胡椒調味。

6 盛盤，最後磨點帕馬森乳酪在上頭即可。

memo

日式煮物加上橄欖和乳酪後，也能變身為義大利麵的食材。
美味的祕訣在於煮的時候充分攪拌，使乳酪產生乳化融合所有食材。

Creamy chicken
gizzard & burdock

雞肝牛蒡奶油麵

● 材料（2人份）

螺旋麵　　　120克
雞肝　　　150克
牛蒡　　　1根
洋蔥　　　1/4顆
大蒜　　　1瓣
橄欖油　　　2大匙
鮮奶油　　　100毫升
辣椒粉　　　少許
鹽、胡椒　　　各少許
煮麵水　　　50毫升
帕馬森乳酪　　　少許

● 作法

1 牛蒡洗淨後帶皮切成寬0.3公分的圓片。洋蔥和大蒜切末。雞肝切對半後，切成0.3公分薄片，撒上鹽和胡椒。
2 鍋子裡放入橄欖油和大蒜，以小火慢慢炒香。接著放入牛蒡、洋蔥和雞肝，轉中火充分拌炒，直到所有食材熟透便熄火。
3 將螺旋麵放入加了鹽（份量外）的滾水中汆燙。
4 配合煮麵的時間將2重新加熱。
5 將煮好的螺旋麵放入4中，加入鮮奶油、辣椒粉和煮麵水，所有食材充分拌炒均勻，以鹽和胡椒調味。
6 盛盤，最後磨些帕馬森乳酪撒在上面。

memo

以奶油醬汁的方式來呈現牛蒡和雞肝的美味，
最後再以辣椒粉提味。

可可馬鈴薯絞肉水管麵

● 材料（2人份）

水管麵　　120克
牛豬混合絞肉　　100克
馬鈴薯　　240克
洋蔥　　1/4顆
大蒜　　1瓣
薑　　10克
橄欖油　　2大匙
奶油　　20克
砂糖　　1大匙
可可粉　　2小匙
鹽　　一小撮
胡椒　　少許
煮麵水　　50毫升
帕馬森乳酪　　少許

● 作法

1 馬鈴薯連皮直接汆燙，煮到可以用竹籤刺穿後便取出，趁熱剝皮，切成2公分塊狀。洋蔥、大蒜和薑切末。

2 平底鍋裡放入橄欖油、洋蔥、大蒜、薑、絞肉，以中火拌炒約5分鐘。接著轉小火，加入砂糖、可可粉、鹽和胡椒，拌炒至所有食材都裹上味道，熄火。

3 將水管麵放入加了鹽（份量外）的滾水中汆燙。

4 配合煮麵的時間將2以小火重新加熱。

5 將煮好的水管麵放入4中，並加入馬鈴薯、奶油和煮麵水，把所有食材充分炒勻。

6 盛盤，最後再撒點可可粉（份量外）和磨好的帕馬森乳酪。

memo

可可粉和奶油的味道，搭配馬鈴薯非常適合。

Cocoa meat and potato stew

Tortellini

義式餛飩

● 材料（2人份）

餛飩皮　　30張
菠菜　　120克
瑞可達乳酪(Ricotta)　　120克
鮮奶油　　120毫升
帕馬森乳酪(磨成粉)　　10克
鹽、黑胡椒　　各少許

A
- 帕馬森乳酪(磨成粉)　　10克
- 麵包粉　　2大匙
- 特級初榨橄欖油　　1大匙
- 肉豆蔻　　少許
- 鹽、胡椒　　各少許

● 作法

1 菠菜汆燙約2分鐘後撈起，擰乾水分，切除根部後再切末。
2 大碗裡放入瑞可達乳酪、1及A，充分混合拌勻。
3 在餛飩皮中間放上2的餡料，四邊抹一點水，對摺成三角形，將邊緣確實黏緊。將底部兩邊向頂角方向往上折一摺，兩端抹點水，互相黏合成戒指狀。
4 平底鍋裡放入鮮奶油，以小火加熱。
5 將包好的餛飩汆燙約2分鐘，餛飩浮起來之後盡快撈起放入4中，加入帕馬森乳酪，再以鹽調味。
6 盛盤，撒上黑胡椒和帕馬森乳酪(份量外)一起吃。

memo

這道義式餛飩會裹附著奶油香融化在嘴裡。
利用餛飩皮或餃子皮做成的包餡義大利麵可以輕鬆變化許多料理，
十分方便，餡料和醬汁也可隨意自由變化。

旗魚甜豆貝殼麵

● **材料**（2人份）

貝殼麵　120克
旗魚（切片）　180克
甜豆　180克
黑橄欖　8粒
酸豆（鹽漬）　8粒
辣椒　1根
大蒜　1瓣
鯷魚　2片
橄欖油　2大匙
特級初榨橄欖油　1大匙
白酒　1大匙
鹽、黑胡椒　各少許
煮麵水　50毫升
檸檬　1/2顆

● **作法**

1 甜豆摘去蒂頭和豆筋，對半斜切。在旗魚上撒點鹽，靜置約5分鐘，出水後擦乾水分，撒上黑胡椒備用。黑橄欖挖除種子後切末。酸豆放置流水下沖洗後切末。辣椒去除種子，和大蒜一起切末。

2 平底鍋裡放入橄欖油、蒜末和辣椒末，以小火慢慢炒香。接著放入鯷魚和旗魚，淋上白酒，以中火拌炒。

3 等旗魚熟了之後，以木杓將魚肉撥散成適當大小，加入黑橄欖和酸豆，將所有食材充分拌炒均勻，熄火。

4 將貝殼麵放入加了鹽（份量外）的滾水中汆燙，煮好前4分鐘將甜豆也一起放入汆燙。

5 配合煮麵的時間將3以小火重新加熱。

6 將煮好的貝殼麵和甜豆放入5中，並加入特級初榨橄欖油和煮麵水，所有食材充分拌勻，最後以鹽和黑胡椒調味。盛盤，擠上檸檬汁即可。

memo

這道料理結合了清甜且具口感的甜豆與鮮美的旗魚，
很適合在涼爽的季節裡搭配著冰涼的白酒一起享用。

Marlin & snap pea

一鍋料理馬鈴薯螺旋麵

● **材料**（2人份）

螺旋麵 120克
法蘭克福香腸 2根
馬鈴薯 中型2顆
洋蔥 1/4顆
大蒜 1瓣
水 600毫升
甜羅勒（切末） 4葉
帕馬森乳酪（磨成粉） 20克
特級初榨橄欖油 2大匙
鹽 1/2小匙

● **作法**

1 馬鈴薯去皮，切成1公分塊狀。洋蔥切末。大蒜切薄片。法蘭克福
　香腸切成0.8公分厚的圓片。

2 鍋子裡放入螺旋麵、1、水、鹽和一半的特級初榨橄欖油，以中火
　煮約10分鐘，並不時以木杓翻動食材。煮至螺旋麵熟透、馬鈴薯
　變得軟綿便可熄火。

3 淋上剩餘的特級初榨橄欖油，並加入甜羅勒和帕馬森乳酪，充分
　拌勻即完成。

memo

用一個鍋子就能簡單完成的燉馬鈴薯義大利麵料理，
不只吃得滿足，做起來也輕鬆快樂。

One-pot potato fusilli

Couscous cabbage roll

庫司庫司高麗菜卷

● **材料**（8個）

庫司庫司　　100克

牛豬混合絞肉　　200克

高麗菜葉　　8葉

洋蔥　　1/4顆

橄欖（黑色、綠色）　　各5粒

大蒜　　1瓣

帕馬森乳酪　　20克

蔬菜高湯　　300毫升

番茄醬汁（P.28）　　200毫升

特級初榨橄欖油　　2大匙

月桂葉　　1片

肉豆蔻　　少許

鹽　　1/2小匙

黑胡椒　　少許

巴西利　　少許

● **作法**

1 洋蔥切末。橄欖挖除種子後切末。大蒜磨泥，帕馬森乳酪一起磨成粉。

2 大碗裡放入絞肉、庫司庫司、肉豆蔻、鹽和黑胡椒，充分拌勻後，加入1和特級初榨橄欖油混合拌勻，靜置約30分鐘。

3 大鍋裡煮沸一鍋水，分次將高麗菜葉汆燙約4分鐘，煮好撈起瀝乾水分，以斜刀方式將中間菜芯的部位切除。

4 將2包成8個長圓形的高麗菜卷。將餡料放在高麗菜葉中間，菜葉左右兩端向內對摺重疊，再由下往上捲起包好。

5 將包好的高麗菜卷放入鍋子裡，倒入蔬菜高湯、番茄醬汁和月桂葉一起煮。煮滾後轉小火，蓋上鍋蓋並稍微留點縫隙，燉煮約40分鐘。

6 盛盤，撒上磨好的帕馬森乳酪（份量外）和巴西利末。

memo

庫司庫司吸飽了食材的美味，是道義式風味的高麗菜卷。

放涼後再重新加熱會更入味、更好吃。

白蘆筍明太子奶油筆管麵

● 材料（2人份）

筆管麵　　120克
白蘆筍　　8根
明太子　　80克
鮮奶油　　100毫升

● 作法

1 白蘆筍切除根部，用刨刀削去較硬一端的外皮，斜切成和筆管麵一樣的長度。
2 將明太子的皮膜剝除，放入大碗中，加入鮮奶油混合拌勻。
3 將筆管麵放入加了鹽（份量外）的滾水中汆燙，煮好前1分鐘把白蘆筍也放入一起汆燙。
4 將煮好的筆管麵和白蘆筍撈起，確實瀝乾水分，加入2中混合拌勻即可。

memo

以少量的材料簡單就能完成的一道料理，而且十分美味，有著豐富的味覺。

White asparagus with cod roe cream

蘆筍義大利麵烘蛋

● 材料（4人份）

螺旋麵　80克
培根（塊狀）　50克
蛋　4顆
蘆筍　8根
洋蔥　1/2顆
大蒜　1瓣
帕馬森乳酪（磨成粉）　20克
橄欖油　4大匙
特級初榨橄欖油　1大匙
奧勒岡（乾燥）　少許
鹽、胡椒　各少許
煮麵水　30毫升

● 作法

1 蘆筍切除根部，用刨刀削去較硬一端的外皮。穗尖一端切下約
　1/3，下半部則切成寬1公分小段。洋蔥和大蒜切末，培根切成寬
　1公分的長段。

2 平底鍋裡放入一半的橄欖油和洋蔥、大蒜、培根，以中火拌炒約5
　分鐘。接著將小段的蘆筍放入鍋中，加入鹽和胡椒，稍微拌炒便
　可熄火。

3 將螺旋麵放入加了鹽（份量外）的滾水中汆燙。

4 配合煮麵的時間將2以小火重新加熱。

5 把煮好的螺旋麵放入4中，並加入特級初榨橄欖油和煮麵水，所有
　食材充分拌勻，熄火放涼。

6 大碗裡打入4顆蛋，加入帕馬森乳酪和奧勒岡混合攪拌均勻。

7 平底鍋以小火加熱，倒入剩餘的橄欖油，並將6也倒入鍋中。擺上
　蘆筍穗尖，蓋上鍋蓋煎約12分鐘，接著再翻面煎約5分鐘即可。

memo

加了螺旋麵、份量加倍的厚煎烘蛋，也可用當季蔬菜來自由變化。

Green asparagus & fusilli omelet

MY FAVORITE Pasta
美味醬汁與滿滿蔬菜的義大利麵

作者、攝影｜樋口正樹
譯　　者｜賴郁婷
設　　計｜IF OFFICE
責任編輯｜林明月

發 行 人｜江明玉
出版、發行｜大鴻藝術股份有限公司　合作社出版
　　　　　台北市103大同區鄭州路87號11樓之2
　　　　　電話：(02)2559-0510　傳真：(02)2559-0502
　　　　　E-mail：hcspress@gmail.com
總 經 銷｜高寶書版集團
　　　　　台北市114內湖區洲子街88號3F
　　　　　電話：(02)2799-2788　傳真：(02)2799-0909

日文版工作人員
設　　計｜吉村亮、眞柄花穗(Yoshi-des.)
企畫、編輯｜小池洋子(Graphic-sha)

2017年1月初版
定價300元
Printed in Taiwan

最新合作社出版書籍相關訊息與意見流通，請加入Facebook粉絲頁　臉書搜尋：合作社出版

國家圖書館出版品預行編目（CIP）資料
MY FAVORITE PASTA：美味醬汁與滿滿蔬菜的義大利麵 / 樋口正樹作；賴郁婷譯 .- 初版 - 台北市；大鴻藝術合作社出版，
2017.1；144面；17╳21公分
譯自：MY FAVORITE PASTA 美味しいソース、野菜いっぱいパスタレシピ
ISBN 978-986-93552-2-3(平裝)
1. 麵食食譜 2. 義大利
427.38　　　　　　　　　　　　　　　　　　　　　　　　　　　105024716